I0068896

NOTICE HISTORIQUE

SUR

LA PÉPINIERE NATIONALE

DES CHARTREUX,

La feuille du Cultivateur traitant de toutes les branches de l'agriculture, rédigée par ETIENNE CALVEL, paraîtra, à compter du premier ventose, les mercredi et samedi de chaque semaine, format in-8.° petit romain. Prix, 21 fr. par an, 11 fr. pour six mois, et 6 fr. pour trois mois.

On s'abonne chez l'*Auteur,* rue Macon, n.° 11 ; au bureau de ce journal, chez *Marchant*, imprimeur-libraire pour l'agriculture, rue des Grands Augustins , n.° 12 ; chez les frères *Tollard*, marchands grainiers-pépiniéristes, à la descente du Pont-Neuf, rue de la Monnoye, n.° 2 ; et chez *Le Normant*, imprimeur du *Journal des Débats,* rue des Prêtres Saint-Germain-l'Auxerrois.

Les exemplaires ont été déposés à la Bibliothèque nationale, conformément à la loi du 19 juillet 1793.

De l'Imprimerie de DIDOT jeune, rue des Maçons-Sorbonne, n.° 406.

NOTICE HISTORIQUE

SUR

LA PÉPINIERE NATIONALE

DES CHARTREUX,

AU LUXEMBOURG,

ETABLIE et DIRIGÉE sous les ordres du
C. CHAPTAL, Ministre de l'Intérieur.

Par ETIENNE CALVEL, ci-devant membre
de plusieurs académies, sociétés littéraires et
d'agriculture.

Cressent illæ, cressetis amores.

VIRG.

L'intérêt qu'inspirent ces arbres croîtra avec eux.

Prix : 90 c. et 1 fr. 20 c. par la poste.

A PARIS,

Chez L'AUTEUR, rue Macon, n.º 11, quartier
Saint-André-des-Arcs.

ET SE TROUVE,

Chez { LE NORMANT, Imprimeur-Libraire, rue des Prêtres
Saint-Germain-l'Auxerrois, n.º 42.
MARCHANT, Imprimeur-Libraire pour l'Agriculture,
rue des Grands-Augustins, n.º 12.

AN XII. — 1804.

NOTICE

HISTORIQUE

SUR

LA PÉPINIERE NATIONALE

DES CHARTREUX,

AU LUXEMBOURG.

~~~~~~~~

L'ART si précieux délever, de former de bons arbres en pépinière,
sur lequel les anciens nous ont laissé
peu de renseignements, ne paraît
avoir été véritablement connu en
France, que vers le milieu du quin-
zième siècle.

Olivier de Serres est le premier
qui a traité avec méthode cet utile
sujet, dans son immortel ouvrage,

le Théâtre d'Agriculture. En lisant ce qu'il dit sur les pépinières et les bâtardières, on n'éprouve presque qu'un regret, celui de voir qu'il n'a pas donné à ces deux chapitres, toute l'étendue et le développement dont une matière aussi importante était susceptible.

Quoique dix-neuf éditions, dans l'espace de soixante-quinze années, eussent repandu cet ouvrage dans toutes les parties de la France, il ne paraît pas que ses utiles leçons aient eu, dans la plus grande partie des provinces, le succès qu'on aurait dû en attendre. Si on en excepte les environs d'Avignon, de Toulouse, d'Orléans, et d'un très-petit nombre d'endroits, c'est dans les bois, c'est avec des drageons, c'est par la germination adventice des semences, qu'on se procurait les differents arbres dont on avait besoin : c'est encore l'usage dans quelques pays, où l'art de former des pépinières est entièrement inconnu ou négligé.

Le talent de les conduire avec méthode et avec succès, semblait s'être concentré uniquement à Vitri, qui fut alors, et qui est encore en possession d'offrir à la France et à l'Europe, des arbres qui soutiennent la réputation que les Adam, les Crété, les Chatenai et autres pépiniéristes lui ont acquise à juste titre. C'est ainsi que le village de Montreuil est de temps presque immémorial, également en possession de donner d'utiles leçons, sur la culture des arbres fruitiers et surtout du pêcher.

Vers 1650, un des habitants de Vitri, que le goût de la retraite avait attiré chez les Chartreux de Paris, où on lui donna le nom de *Frère Alexis*, fut chargé d'élever de jeunes arbres, pour planter d'une manière écono-mique le vaste enclos de ces moi-nes, lequel contenait alors plus de quatre-vingts arpents, et, à cette épo-que, il avait été considérablement diminué. Son talent, ses succès por-tèrent les Chartreux à employer uti-lement ses connaissances et leur ter-rein ; ils établirent chez eux, des pé-pinières.

Les bons arbres qui en sortirent firent peu-à-peu la réputation de cet établissement ; et dès 1712, à une époque où l'on plantait beaucoup moins que de nos jours, il en sortit

plus de quatorze mille arbres fruitiers, dont la beauté et la vigueur
firent à cette pépinière presque autant
d'ennemis, qu'elle avait de concur-
rents dans ce genre de commerce.

Le frère *Philippe*, un des meilleurs
arboristes de son temps, et qui joignait aux connaissances pratiques sur
l'éducation des arbres, celles qui dis-
tinguent un bon jardinier, le *frère
Philippe* soutint la réputation de
cette pépinière. Mais celui qui la
fortifia, qui lui assura cet éclat qui
avait fixé l'attention et la confiance
de l'Europe, c'est Christophe Hervy
père de M. Hervy, actuellement directeur de la *Pépinière nationale des
Chartreux*, au Luxembourg.

Dès 1750 elle acquit par ses soins,
un degré de perfection qui fut tou-

jours croissant. Il la dirigea pendant quarante-six ans consécutifs ; l'augmenta considérablement ; l'enrichit d'un grand nombre de belles et bonnes variétés, qui servirent si utilement à Duhamel, pour faire son excellent *Traité des arbres fruitiers*, où cependant il paraît qu'il s'est glissé quelques doubles emplois ; parce que ce savant, en adoptant la nomenclature d'Hervy, y avait ajouté celle de quelques fameux arboristes de Vitri, qui donnaient des noms différents à certaines variétés de quelques espèces ou genres de fruits.

Toujours enthousiaste de son art, toujours infatigable pour l'exercer, Hervy, à qui les Chartreux avaient voué l'attachement le plus vif, comme le plus mérité, se servait utilement

de leur correspondance, qui s'éten-
dait principalement dans toute la
France et l'Allemagne, pour se procurer les meilleures espèces ou variétés, et les qualités les plus parfaites
de toutes sortes de fruits. Tous les
savants, les amateurs, les gens de
l'art lui rendent la justice de convenir, que nous lui devons la plus précieuse collection d'arbres fruitiers,
indigènes ou acclimatés, qui existe
dans le monde entier.

Il manquait à cette collection une
chose plus essentielle encore, celle
de perfectionner la grosseur et le
goût des différentes variétés. Personne, avant lui, ne porta vers cet
objet une attention plus soutenue,
et n'obtint un succès plus assuré. Je
n'en citerai qu'un exemple. Depuis

trente ans environ la belle espèce
que nous connaissons sous la déno-
mination de *cérise de Montmorency*,
s'était presque abartadie partout ;
elle devient tous les ans plus rare,
et il lui avait fait acquérir plus de
diamètre, et une saveur plus exquise.
Quels étaient ses moyens? une culture appropriée aux circonstances,
et qui était le fruit des observations
et d'une pratique éclairée.

Le mécanisme d'élever un arbre,
de l'écussonner, est assez à la portée
de tout le monde; comme à peu-
près certaines opérations pourraient
être faites par un boucher et un chi-
rurgien habile. Mais ce juste discer-
nement, ce coup-d'œil de l'artiste,
formé d'après les leçons de l'expérience; cette légèreté dans l'opéra-

tion, cette justesse d'exécution, qui
assurent la coïncidence parfaite des
séves, dans une greffe et un sujet
entre lesquels il existe une véritable
analogie, voilà ce que le mécanisme
et l'habitude même ne donnent pas,
et qu'on ne doit attendre que du talent, de cette disposition naturelle de
l'ame, de cette espèce d'instinct, qui,
par une pratique exercée, applique
mécaniquement et sans effort, ces
utiles principes de physique, qui coû-
tent tant de veilles et de méditation
aux savants dans leur cabinet.

C'est là une de ces vérités dont
on peut tirer des conséquences très-
utiles pour l'éducation des arbres.
Qu'on donne deux sujets égaux sous
tous les rapports, et le même ra-
meau à deux greffeurs, dont l'un ait

sur le praticien ordinaire l'avantage
des qualités que possédoit Hervy,
et qu'on apprécie les résultats, à
l'époque de la fécondité des arbres!

Dans une carrière, où, plus que
dans toutes les autres, la cupidité
fait presque autant d'envieux que
de rivaux, Hervy eut peu d'ennemis,
parce que son caractère obligeant
sut lui faire pardonner sa supério-
rité sur beaucoup d'autres. On put
même dire, qu'il jouît de presque
toute sa réputation et de sa gloire
dès son vivant. Ceux mêmes qui
avaient la prétention d'être des fameux arboristes, rendaient justice à
ses talents, soit qu'il fallut former
des arbres, ou distinguer les variétés
de tous les genres. Il avait le coup-
d'œil si juste, si exercé, une habi-

tude si soutenue, une méthode si
perfectionnée, pour classer dans sa
mémoire toutes les nuances qui dis-
tinguaient une variété d'une autre,
que, soit au printemps, soit en été,
même en hiver, à l'inspection des
feuilles, des boutons, du bois de l'année, il ne lui arrivait presque jamais
de se tromper. M. Jean Thouin m'a
dit qu'il le regardait à cet égard,
comme l'homme le plus étonnant qui
eût existé. Cet aveu est l'éloge du
talent, qui s'honore de rendre justice
à celui d'autrui.

Tout en Hervy était fait pour perpétuer la vogue dont jouissait sa pépinière. A de grandes connaissances,
il joignait une probité, une délica-
tesse inaltérables, et la plus grande
exactitude. Souvent, dès l'été, pres-

que tous les arbres des Chartreux étaient arrêtés, et on les avait quelquefois vendus, avant même que d'autres pépinières fussent *éventées*, ou entamées.

Comme, dans certaines années, la sienne ne suffisait pas, à beaucoup près, aux demandes qu'on lui faisait de toutes parts, on ne se consolait de n'avoir pas des arbres d'Hervy, qu'autant qu'on avait obtenu de lui l'assurance qu'il en procurerait d'ailleurs : on les recevait avec confiance, dès qu'ils avaient mérité son suffrage. Aussi il est notoire, par les comptes qu'ont laissé les Chartreux, que, dans les vingt dernières années, le bénéfice qu'ils faisaient sur leur pépinière, était annuellement, tous frais faits, de 24 à 30,000 francs.

Je ne répéterai pas ici ce que j'ai dit dans mon Manuel des plantations (page 56), sur les précautions qu'il prenait pour que les arbres fussent bien emballés et encaissés quelque fois. Il en a fait parvenir de cette manière, et sans inconvénient, non-seulement en Moscovie, mais même dans toutes les parties du monde.

Son unique ambition, l'objet du bonheur le plus inaltérable pour un père, était d'élever dans son fils, un digne successeur qui put perpétuer, perfectionner même l'utile tradition de ses connaissances, qui étaient le fruit de la vie la plus laborieuse. Quoique peu fortuné, il ne négligea rien pour lui donner une éducation soignée. Il ne lui fut pas difficile d'obtenir pour lui, une place de boursier, à laquelle les Chartreux avaient le droit de nommer, au col-lège de Montégut. Comme il ne se proposait pas de lui faire parcourir la carrière des lettres, dès qu'il eut une connaissance suffisante du latin, il lui fit faire des cours de botanique en général, et particulièrement pour la connaissance des arbres exotiques, au jardin des plantes, et il n'oublia rien pour qu'il se perfectionnât dans le dessin ; dans l'art de faire et de lever un plan, de niveler, de toiser un terrein, ce qui lui a été très-utile, pour former la pépinière que le gouvernement a confiée à ses soins.

Il perfectionna ces connaissances dans plusieurs parties de l'Allemagne, où il a été pendant plus de neuf ans, et où il a eu si souvent l'occasion de joindre aux leçons qu'il avait reçues, celles de l'expérience d'un peuple, que la simplicité de ses mœurs a rendu, rendra essentiellement agricole, et qui jouit dans l'Europe entière, de la réputation de bien cultiver toutes sortes d'arbres.

La révolution altéra le bonheur que Hervy père goûtait depuis le retour de son fils. La suppression des maisons religieuses, mit leurs biens dans les mains de la nation. Le département fit vendre une grande partie des arbres des Chartreux ; on ne les remplaça point, et cette belle pépinière s'épuisait progressivement.

A dieu ne plaise que je veuille accréditer les bruits qu'on répandait dans cette époque orageuse, que,

par leurs intrigues, des personnes
qui avaient des pépinières, avaient
formé le complot de provoquer la
destruction de celle des Chartreux,
après s'être procuré la collection complette de toutes les espèces et variétés d'arbres fruitiers qu'ils avaient
rassemblés, ce qui aurait mis en quelque sorte cette partie de l'agriculture sous leur dépendance. Ce crime
d'une lâche cupidité, ne me paraît
ni possible, ni vraisemblable.

Mais ce que je puis assurer, c'est
que dans la crainte que, soit par erreur, soit par négligence, soit peut-
être par un de ces mouvements révo-
lutionnaires qui menaçaient de por-
ter la torche d'Omar dans nos bi-
bliothèques; dans la crainte, dis-je,
que la hâche du vandalisme n'abattit

presque sans espoir de retour, cette
collection si précieuse pour l'école
française, fière de posséder le fruit
de plusieurs siècles de recherches et
de travaux ; le vertueux Thouin,
l'aîné, cet homme si cher à la france,
par ses vastes connaissances, par ses
talents, et l'emploi utile qu'il en fait
tous les jours, obtint de l'infortuné
Roland, alors ministre, qu'on lui
délivrât, pour le jardin des plantes,
deux arbres de chaque genre, espèce,
variété. Le choix en fut fait par
Hervy, heureux de les déposer dans
ce local, qui rassemble à lui seul
toutes les plantes du monde entier ;
et ils furent mis dans la terre, avec
ces soins et ce talent si rare, qui
distingue toutes les plantations qui
se font dans ce jardin, le plus beau

monument botanique qui existe sous le soleil.

Je ne les vois jamais qu'avec attendrissement et reconnaissance, des efforts qu'a faits M. Thouin, pour conserver à notre école tant d'arbres précieux, qu'on devrait appeler la *collection d'Hervy*, qu'il a associé à une partie de sa gloire.

On n'eut qu'à s'applaudir dans le public, de cette heureuse transplantation. Un ordre parvenu aux CC. Hervy, père et fils, le 27 ventose an 4, les força de transporter aussitôt à Sceaux les restes infortunés de cette pépinière, jadis si brillante, où, en semis, en plants et en arbres, on comptait peu d'années auparavant par millions, et où il n'en restait qu'environ dix-huit mille.

Les circonstances n'étaient, à cette époque, rien moins que favorables à cette transplantation. On se rappelle qu'à la fin de ventose, an 4, le froid était très-vif, qu'il gela très-fort tous les jours, et que la terre était couverte de frimats et de glaces. On prétend même qu'en chargeant M. Hervy fils, de la transplantation de ces dix-huit mille arbres, sous la direction de feu Thiroux, on ne lui accorda qu'un seul ouvrier pour l'aider.

Il faut avoir été témoin de la vive sollicitude d'Hervy père à cette époque, pour se faire une idée de la tendresse qu'il éprouvait pour ses arbres. L'intérêt pressant qu'ils lui inspiraient, semble lui rendre à chaque instant sa pre-

mièrè vigueur. Il ne connaît plus
de repos qu'il ne les ait soustraits
aux injures du temps, aux dangers
qui les menacent. Il entr'ouvre avec
ardeur le sein de la terre qui doit les
abriter. Une sueur abondante, se
confondant de temps à autre, à
quelques larmes involontaires, s'é-
coule le long de ses rides véné-
rables, et il jouit enfin du bonheur
d'avoir mis ses élèves à l'abri, et
d'avoir formé en quinconce, une
école, dont la collection est la même
que celle qu'on avait déposée au
jardin des plantes.

Le public s'attendait que dans un
local aussi immense que l'était le
domaine de Sceaux, on formerait
des pepinières sur une échelle d'une
vaste étendue. Tout se réduisit à

environ trois mille plants de coignassiers, poiriers et pommiers.

Quelqu'un témoignait devant moi sa surprise à cet égard. Je me souviendrai longtemps des réponses ou des réflexions singulières qu'on nous fit ; je crois qu'il n'est pas inutile de les rapporter.

« On en a planté, dit l'un, deux « mille neuf cent quatre-vingt-dix- « neuf de trop.

« — Pourquoi donc, répondis-je?

« — Pourquoi?

« — Parce qu'un gouvernement « doit toujours favoriser le commerce « et ne jamais le faire. Il est au- « dessous de sa gloire, il est même « contraire à son intérêt de cher- « cher à faire le moindre bénéfice à « cet égard.

« — On répondit : Il est du moins
« naturel qu'il cherche par la vente
« de ses arbres, les moyens de re-
« trouver ses avances, et de quoi
« seconder cet établissement.

« — Eh, qu'a-t-il besoin d'un éta-
« blissement qui décourage, et pa-
« ralyse l'industrie?

« — Il ne pourra jamais décourager
« que la médiocrité ou l'ignorance;
« mais en donnant l'exemple d'éle-
« ver, de former de bons arbres,
« en perpétuant cette utile tradition,
« en perfectionnant la méthode, il
« donnera une nouvelle activité à
« l'émulation ; il fera craindre les
« comparaisons qu'on pourrait faire ;
« il produira un très-grand bien en
« établissant une rivalité de succès
« qui balancera la concurrence sans

« paralyser l'industrie. Voyez si les
« *Moreau de la Rochette*, les *du Trem-*
« *blai*, les *Amelot* et autres proprié-
« taires ; si les *Chatenai*, les *Dece-*
« *met*, les *Tollard* et plusieurs autres
« pépiniéristes utiles, ne redoublent
« pas d'efforts, pour ne pas craindre
« la comparaison de leurs établisse-
« sements avec ceux de la nation !

« — Mais le gouvernement, objec-
« te-t-on, nuit au commerce, en
« donnant des arbres à des particu-
« liers ; il devrait les réserver seule-
« ment pour les établissements qui
« sont à sa charge, et laisser vendre
« le reste par des marchands à qui
« il les livrerait, *avec une remise*,
« pour leur bénéfice ; ce qu'il en
« retirerait, le dedommagerait, **et**
« au-delà, de ses frais.

« — Et pourquoi voudriez-vous
« que, sur le nombre presque in-
« calculable d'arbres qu'on plante
« tous les ans, le gouvernement se
« privât de la douce jouissance de
« faire un dépôt de bons arbres dans
« des mains de quelques particuliers
« à qui il serait souvent impossible
« de se les procurer ailleurs ? il est
« sûr par-là de conserver les bonnes
« espèces, en les confiant à des per-
« sonnes qui ont les moyens de les
« bien planter, de les cultiver, de
« les soigner, et même de les per-
« fectionner? Je pourrais, s'il était
« nécessaire, vous faire voir que
« dans bien des occasions, il y a
« de l'économie à savoir donner
« ainsi, et que c'est le cas de dire :
« On s'enrichit de ce qu'on donne.

« Quant à la *remise* que vous ré-
« clamez pour le marchand, à qui
« seul vous donneriez le droit de
« revente, je puis vous répondre :
« *Vous êtes orfèvre, M. Josse.*
« Outre que vous livreriez quelque-
« fois le public à des accapareurs
« qui le rançonneraient arbitraire-
« ment, (ce que le gouvernement
« a très-grand intérêt d'éviter,) vous
« feriez le plus grand tort à son
« établissement, comme je vous le
« prouverai bientôt.

« Au reste, ce projet de *remise*
« n'est pas nouveau ; il a eu son exé-
« cution pour la vente des arbres
« qui étaient à la pépinière de Sceaux.
« Le gouvernement en donna très-
« peu. Une grande partie fut arrê-
« tée par quelques marchands, et

« j'ai ouï dire plusieurs fois, ainsi
« que bien du monde, que des arbres
« livrés alors à la modique taxe
« de quinze sols, ont été vendus
« (d'après la grande réputation du
« pépiniériste Hervy qui les avait
« élevés) jusqu'à six francs, et il
« faut convenir que certains le va-
« laient. Assurément un pareil bé-
« néfice était bien loin d'être dans
« les vues du gouvernement. Il met
« son bonheur à faire le bien géné-
« ral, et sa gloire, à consolider des
« établissements qui n'ont pas leurs
« pareils en Europe.

« Et c'est par l'intérêt qu'il a de
« leur conserver une réputation que
« rien ne peut balancer parmi les
« autres nations, qu'il ne doit faire
« acception de personne. S'il don-

ε

« nait une *remise* pour la revente;
« il en arriverait ce que nous voyons
« communément. De mauvais pépi-
« niéristes, certains marchands qui
« se seraient fait inscrire, pour s'as-
« surer d'un certain nombre d'arbres;
« annonceraient avec emphase dans
« les départements et chez l'étran-
« ger, qu'ils fourniront des arbres
« des pépinières nationales; ils fe-
« raient un honteux mélange, com-
« me on le voit tous les jours, avec
« d'autres arbres, qu'ils tireraient à
« bon compte de quelques pépinières
« éventées, et ils finiraient de cette
« façon, par décrier celle qui doit
« le plus justifier la confiance géné-
« rale, dans le monde entier.

   « Et n'allez pas me taxer d'exa-
« gération ! je pourrais vous citer

« plusieurs exemples, et notamment
« un , qui est particulier à un de mes
« amis. Sa pépinière faillit avoir de
« la défaveur; on fut même jusqu'à
« faire des reproches à son proprié-
« taire, que beaucoup de ses arbres
« n'avaient pas réussi. Lorsqu'il vou-
« lut en chercher la cause , il se
« trouva que le marchand qui les
« fournissait, sous son nom, faisait
« un mélange avec d'autres arbres
« qu'il prenait indistinctement de
« tous côtés, et à toute sorte de
« prix. »

Je dois ajouter : les Chartreux qui
s'étaient aperçus du grand inconvénient qui résultait des *remises* ,
n'en faisaient à personne. Ils savaient
par expérience, que les marchands
ne prenaient chez eux que les espè-

ces qu'ils ne trouvaient pas ailleurs
à bas prix. C'est ce qui est arrivé
également à la vente des arbres de
la pépinière à Sceaux, où on ne prenait que les espèces ra res; et c'est ce
qui a lieu cette année pour quelques
espèces de pêches qu'on ne trouve
que chez un pépiniériste de ma connaissance : aussi ne fait-il pas de *re-*
mise; pas plus qu'un autre marchand
d'arbres exotiques, qui a refusé d'en
céder à ses confrères, ou à des grai-
niers, pour qu'on aille directement
chez lui.

La *remise* qu'on propose aurait
un autre inconvénient, si elle avait
lieu dans la pépinière nationale qu'on
forme actuellement : celui de faciliter
les moyens d'*écrémer* cette pépinière,
parce qu'on se hâterait d'arrêter les

espèces rares, ce qui mettrait dans
l'embarras de se défaire des espèces
communes, qu'on trouve par-tout :
il est juste que lorsqu'elle sera en
vente , tout propriétaire trouve la
facilité de s'assortir.

Accoutumé à gouverner tous les
ans, de quatre à cinq cent mille arbres, le bon père Hervy ne trouva
plus un aliment à son activité et à
son zèle. Il avait l'air abattu ; il devenait tous les jours triste , mélan-
colique , et on ne doute pas que le
chagrin n'ait insensiblement accéléré
le terme de ses jours, surtout après
l'accident qu'il éprouva à la suite
d'un seul verre de vin, qu'il croyait
recevoir des mains de l'amitié, et
qui lui occasionna un mal - aise et
une indisposition qui ne purent

que donner une nouvelle activité au principe de destruction qui s'annonçait déja.

Cependant le ministre de l'intérieur, le C. Chaptal, ce protecteur éclairé, cet ami sincère des arts et des sciences qui transmettront à la postérité son nom et ses bienfaits, mûrissait secrètement le projet d'offrir à l'agriculture un monument digne de la France, et de servir de modèle à tous les peuples.

Par l'établissement de Trianon, par la précieuse pépinière du Roule, créée par le savant abbé Nolin, et perfectionnée avec beaucoup de talent et de soin par son néveu, digne, sous tous les rapports, de lui succéder, le gouvernement offrait à l'intérêt public, tous les arbres forestiers et exotiques les plus utiles, comme les plus faits pour exciter la curiosité.

Il lui manquait de rappeler à l'Europe, qu'elle existait en entier, notre précieuse école d'arbres fruitiers, en tout genre, et qu'elle allait se reproduire et se perpétuer par les soins d'un ministre toujours occupé de la prospérité nationale. Encouragé par des conseils utiles et par ce zèle actif qui ne peut que seconder ses grandes vues, et partager sa sollicitude pour un établissement dont il attend le plus grand bien, c'est le terrein même qu'avaient occupé les Chartreux, qu'il choisit pour cet objet ; comme s'il eût voulu faire oublier qu'il avait cessé momentanément d'être consacré à ce genre d'utilité ; comme s'il eût voulu annoncer que

la *pépinière des Chartreux*, si fa-
meuse dans tous les pays, n'a presque point cessé d'exister, et qu'elle
doit à l'avenir exciter d'autant plus
la confiance générale, qu'une grande
nation s'efforce davantage de soutenir
la réputation qu'elle s'est acquise
dans l'éducation et la culture des
arbres fruitiers.

Ce grand projet arrêté, il en con-
fie l'exécution à M. Hervy, qui, au
mérite d'être un des premiers pépiniéristes de l'Europe, joint celui
d'étonner, d'humilier même l'envie,
lorsque ses succès ne peuvent la dé-
sarmer.

Je n'ai point vu d'amateur, d'homme de l'art, instruit et impartial, qui
n'applaudît à un choix que l'opinion
générale désignait. Mais on tremblait

d'autant plus pour lui, que ses ennemis paraissaient plus persuadés
qu'il ne pourrait qu'échouer dès le
début.

Le terrein sur lequel les Chartreux
avaient élevé leurs pépinières, n'existait qu'en partie. On avait morcelé
ce vaste enclos, dont une partie a
été réunie au jardin du Luxembourg,
et le reste avait été vendu, pour cons-
truire des maisons, ou former une
rue : ce qui restait, n'offrait en très-
grande partie, que des fondements
d'une église, d'un cloître immense,
des cuisines, des maisons, des mazu-
res, et partout des ruines. L'extrémité
du terrein ne présentait et ne présente
encore momentanément, que des
hauteurs, des bas-fonds et des iné-
galités considérables.

Comment planter sous la terrasse du magnifique jardin du Luxembourg, une pépinière, qui, au mérite de l'utilité, joignît ce coup d'œil agréable et intéressant, qui doit nécessairement perpétuer, varier le plaisir que l'on goûte à cette promenade? Comment, au milieu de tant de décombres affligeants, concilier ce qu'on devoit au décor, sans qu'il en coûtât aucun sacrifice pour ce qui tenait à la convenance?

Je ne pourrais que m'énoncer mal; j'aime mieux rapporter le jugement d'un ingénieur de mes amis, très-connu par de grands travaux, et l'un des hommes que je regarde comme le plus instruit dans le mouvement des terres.

« Lorsque cette pépinière sera

« finie, me dit-il, on sera bien loin
« de soupçonner les grandes diffi-
« cultés qu'on aura eu à vaincre,
« pour la mettre dans l'état où nous
« la verrons dans peu. Que de peines
« il a fallu se donner, pour calculer
« la largeur de tant de fondements,
« faits sur tant de plans divers, leur
« plus ou moins de profondeur, pour
« en tirer les pierres qu'on a vendu
« utilement, pour se défrayer d'une
« partie de la dépense ! C'est peu en-
« core ; il a fallu dans un espace
« aussi considérable, tirer un coup
« de niveau juste, pour s'assurer
« de la quantité de terre végétale
« dont il faudrait couvrir la sur-
« face.

« La moindre erreur de calcul
« eût entraîné à des dépenses con-

« sidérables; un pouce de plus ou de
« moins dans le début, eût donné
« lieu à de très-grands frais de dé-
« blai ou de remblai, afin qu'il n'exis-
« tât pas d'irrégularité sur cette
« grande surface. Le directeur de
« cette pépinière est sûr de son
« fait, pour ce qui reste à finir.
« J'avoue que j'eusse tremblé, s'il
« m'eût fallu entreprendre un travail
« aussi vétilleux, et j'aurais à peine
« osé me flatter du succès complet
« qu'il obtiendra. Combien d'autres
« auraient fait dépenser, en pure
« perte, au Gouvernement, 12 et
« peut-être 20,000 francs pour faire
« moins bien. »

Je fis part de ces réflexions à un des
intimes amis de M. Hervy, que je ne
connaissais pas alors. Il m'assura

4

qu'il avait été occupé pendant quatre mois et demi, à calculer, à étu-
dier son terrein, sous tous les rapports, et méditer sur les moyens
d'exécution qu'il pouvait concilier
avec les vues d'économie, qui étaient
le premier objet qu'il se proposait.

A proportion qu'une partie du terrein fut préparé, on se hâta de le
mettre en valeur, sur un plan irré-
vocablement arrêté, et qui frappe gé-
néralement par sa noble simplicité.
La fin de l'hiver et le commencement
du printemps de l'an dix, virent com-
mencer la plantation de cette pépinière ; en ce moment le bas de la
terrasse offre un espalier de pêchers,
dont plusieurs ont fait dès la première
année des pousses d'un mètre et demi
et de deux mètres (4 pieds et six

pieds) de longueur. L'allée parallèle à cette terrasse est bordée de chaque côté de poiriers pyramidaux de deux ans, de la plus belle espérance, et dont la vigueur dépose en faveur de celui qui eut le talent de les former et de les planter. L'allée du fond renferme la collection la plus complette en prunes et cerises de toute espèce ; et à proportion que les carrés se formeront, la collection augmentera, des arbres qu'on tirera de la pépinière, et qui sont écussonnés cette année.

Déja le gouvernement a pu disposer d'un grand nombre de beaux pêchers, et dont les sujets étaient en germinal de l'an dix, dans les amandes qui les ont produits.

Des semis considérables en pom-

mes et en poires, outre l'avantage
d'une grande économie, offrent celui
de se procurer, quand on le veut, du
plant qui n'ayant point à souffrir d'être
longtemps sevré de la terre, sera d'une
reprise plus sure dans la transplantation. Les amateurs y voient surtout
avec plaisir, une planche de pruniers
venus de noyaux, et qui auront l'a-
vantage de ne pas drageonner autant que ceux qu'on emploie communément, si on a l'attention de ne pas
supprimer leur pivot. Ainsi, en ce
moment, indépendamment des semis
et des bordures, cette pépinière offre
plus de 80,000 arbres en coignassiers
poiriers, pommiers francs, de doucin
et de paradis, amandiers, mérisiers,
pruniers, dont le Gouvernement
pourra disposer en partie dans deux

ans, et même pour les pêchers et pommiers paradis, au commencement de l'an treize, ou dès la fin d'octobre 1804.

Mais ce à quoi on n'avait pas songé jusqu'à nos jours, et qui fixe l'attention de l'agriculture reconnaissante, c'est le soin qu'a eu le ministre, de rassembler dans cette pépinière, toutes les espèces et variétés des vignes qu'on cultive sur le sol de la république, et de mettre par-là les savants à portée de fixer la nomenclature, si confuse, si vacillante, des différents raisins connus en France. Tous les préfets ont mis, et mettent le plus grand zèle à seconder un vœu aussi utile. La plus grande partie des sarments, soit en bouture ou en crossette, a bien pris, et ses succès don-

nera la facilité en comparant les bois,
les feuilles, les boutons, et les fruits,
de les classer dans un ordre métho-
dique, qui offrira le moyen de gra-
ver leurs noms avec moins de diffi-
culté dans la mémoire.

A ce grand avantage, se joint
celui qui résultera nécessairement de
l'exécution d'une aussi grande pensée.
Il n'est pas douteux que dans ce nombre si considérable de différentes vignes, il ne se trouve plusieurs variétés qui peuvent très-bien se faire
à notre climat, réussir dans les
environs de Paris, et dans d'autres
départements septentrionaux. Peut-
être offriront-elles des fruits bien su-
périeurs au meûnier, au mêlier, au
teinturier, ect., qui sont presque les
seules espèces qu'on cultive, et dont

les grains sont trop serrés. Peut-être
en résultera-t-il l'avantage de faire
du vin moins médiocre, sur-tout si
l'impatience de quelques propriétai-
res, dont l'exemple entraîne les autres, pouvait laisser aux raisins le
temps de parvenir à une parfaite
maturité.

Mais avant de réaliser les espéran-
ces qu'on avait conçues de cette pépinière, que de critiques n'éprouva pas
le projet de son établissement! à combien de censures en fut exposée l'exécution! Il n'est peut-être aucun de mes
lecteurs qui n'ait momentanément
partagé la prévention presque générale, qui était faite, je ne dis pas
pour alarmer, mais pour décourager ceux qui y prenaient le plus
vif intérêt.

On se récriait sur la dépense qu'il faudrait faire pour établir une pépinière. Mais quelque destination qu'on eût donnée à ce terrein placé sur la terrasse d'une des plus belles promenades de l'Europe, n'aurait-il pas fallu faire la même dépense pour mettre de l'ensemble et de l'harmonie entre le jardin du Luxembourg et les lieux qui l'avoisinent ; pour établir cette belle communication qui va unir au nouveau boulevard le palais du Sénat conservateur, et lui offrir pour point de vue, ce lieu où le génie de nos savants, trop borné par les limites de la terre, va chercher dans les cieux de nouveaux mondes, assigner leurs distances, peser leurs masses, calculer leurs mouvements.

D'ailleurs, dans cette dépense,

dont les résultats seront à jamais utiles et glorieux, le Gouvernement a trouvé le moyen d'ouvrir un atelier de charité à l'indigence laborieuse qui ne demande que du travail; il n'est pas d'ame sensible, de citoyens honnêtes, qui ne conviennent qu'il a placé par-là ses fonds à un grand intérêt.

D'un côté on objectait que ce terrein, sur lequel on avait établi depuis plus de cent ans des pépinières, était entièrement épuisé, et qu'il était impossible d'obtenir du succès, si l'on en formait une nouvelle.

Cette objection tenait à l'ignorance ou à la mauvaise foi de ceux qui ne savaient pas, ou qui affectaient d'ignorer, que la plus grande partie du terrein où étaient les pépinières des

Chartreux, était aliéné, et que celui où étaient leur cloître, leur promenade, etc., où est plantée la pépinière, n'a jamais eu cette destination.

D'un autre côté, on prétendait que le terrein était trop bon, et que les arbres qu'on y éleverait ne réussiraient pas ailleurs.

D'autres assuraient que les arbres viendraient mal, parce que par un défoncement trop profond, on avait ramené à la surface une terre qui avait besoin d'être mûrie par l'influence de l'atmosphère, et qu'on s'était trop hâté de planter.

Le directeur ne leur avait pas rendu compte des précautions qu'il avait prises à cet égard, et des ressources que lui avaient offertes des veines de terrein , sur lequel il y avait eu des remblais considérables; mais il a mieux fait , car il a répondu par un succès dont il eût osé à peine se flatter.

C'est ainsi que par des critiques et des jugements contradictoires , l'envie cherchait à se soulager, du regret de voir établir ou une concurrence dangereuse, ou un objet de comparaison défavorable.

C'est ainsi qu'on s'efforçait de travailler l'opinion; c'est ainsi qu'on cherchait à l'égarer, au point que, jusqu'en floréal dernier , elle ne paraissait pas se prononcer favorablement, et que cet établissement avait peu de partisans, encore moins de panégyristes. Des gens instruits et qui fesaient des vœux pour son succès, n'osaient presque en parler, qu'avec ce ménagement qui ne laisse entrevoir que la lueur de l'espérance.

A cette époque, avant son départ pour la Belgique, sans prévenir qui que ce soit, seul, et au moment où on l'attendait le moins, le ministre de l'intérieur se transporte dans cette pépinière, la parcourt, la visite dans le plus grand détail, porte sur tous les objets le regard de l'homme éclairé, se fait rendre à lui-même un compte circonstancié, juge par ses propres yeux, et croit devoir témoigner publiquement au directeur sa satisfaction.

Un suffrage aussi honorable, fait pour dédommager M. Hervy des chagrins qu'il éprouvait, réveilla

l'attention. Les journaux, ces senti-
nelles vigilantes, toujours aux aguets
pour annoncer des premiers au public, tout ce qui peut l'intéresser,
soit par la nouveauté, soit par l'u-
tilité, fixèrent son attention et ses
regards sur cette pépinière, en ren-
dirent un compte conforme à la vé-
rité. Plusieurs motivèrent leurs an-
nonces par des détails intéressants,
et ramenèrent tellement l'opinion, en
l'éclairant, que des personnes, qui
n'avaient vu jusqu'alors cette pépinière qu'avec indifférence, ou qui
semblaient se prononcer contr'elle,
devinrent ses zélés partisans et lui
firent des admirateurs.

Les marchands, les pépiniéristes,
les gens de l'art honnêtes (et il en
est plusieurs à qui je me plais de

5

rendre cette justice) applaudirent à cette révolution presque subite dans l'opinion publique ; mais si elle déconcerta l'envie, elle ne la découragea pas. Il ne sera pas inutile peut-être de rappeler quelques petites particularités qui servent à caractériser sa bassesse.

Les boutures ou crossettes des vignes envoyées des différents départements, avaient été plantées avec le plus grand soin, à des distances convenables, le long des allées, entre les poiriers. Elles s'annoncèrent au printemps, par des bourgeons vigoureux, mais trop faibles encore, pour résister aux gelées tardives, qui firent le plus grand tort à beaucoup de vignes, et aux pommiers principalement.

Quel sujet de triomphe pour les dé-
tracteurs ! Toutes les vignes avaient
péri, disaient-ils ; et un événement
malheureux, qui ne tenait qu'à l'in-
tempérie de la saison, devenait un
motif pour faire renoncer à établir
une école des vignes, qui ne pourrait, disait-on, jamais réussir. On
n'avait pas épuisé encore les raison-
nements absurdes qu'on se permettait
à cet égard, que de nouveaux bourgeons sortaient du pied des sarments
que la gélée n'avait pu atteindre
dans la terre.

Victorieuses des froids, ces vignes
avaient été exposées à la chance
d'une sécheresse désespérante. Elles
avaient *toutes péri*, disait-on, et cependant, sur environ trois mille
sarments, il n'en a pas manqué

quatre-vingts , ce qui est très-extra-
ordinaire, dans des plantations de
cette nature.

Cette même sécheresse força , surtout dans les terres fortes, quelques
pépiniéristes qui s'étaient malheu-
reusement retardés , de suspendre
l'*écussonnage*, pour ne pas courir l'é-
vénement d'une opération incertaine,
ou peut-être inutile, sur des arbres
épuisés de séve. Le bruit se répandit
aussitôt que la pépinière des Chartreux ne serait pas écussonnée cette
année, et on me soutenait avec obs-
tination ce conte à Vitri , le jour
même, où , le matin , j'en avais vu
greffer les jeunes plants avec le plus
grand succès , ainsi que plusieurs
amateurs , des architectes, des personnes attachées au ministère de l'in-

térieur, qui avaient fait, de cette
promenade, un objet de curiosité,
d'instruction et de plaisir.

Ce fait ne pouvait pas être douteux. Peu de temps après, à la
séance publique de la société d'a-
griculture, d'après le compte que
M. Hervy avait rendu au ministre,
le secrétaire de cette société annonça
qu'il y avait eu vingt-quatre mille sujets de décussonnés dans la pépinière
nationale des Chartreux.

Le croira-t-on? lorsqu'il fut impossible d'établir de l'incertitude sur
un fait aussi public, garanti à une
société d'agriculture par son secrétaire, chef du bureau d'agriculture au ministère de l'intérieur, on
chercha à inspirer des doutes sur le
succès de l'opération. C'était, pré-

tendait-on, *du temps et de la laine perdus inutilement.*

Un homme qui joint à de grands talents pour l'administration, toutes les qualités morales qui justifient la confiance dont il est investi, incapable de se laisser prévenir, ni influencer par des opinions et de faux rapports, dont cette pépinière est en partie l'ouvrage par le zèle actif qu'il a mis à seconder les vues du ministre, M. Lancel va à la pépinière, commence par le carré des pruniers, fait détacher les écussons; se transporte successivement dans les autres, sans oublier celui où quelque temps auparavant, il avait vu écussonner avec d'autres personnes, s'assure de la reprise générale des boutons, et laisse le directeur aussi content de voir qu'on éclaire ses travaux, qu'il l'est lui-même de pouvoir lui rendre la justice qu'il mérite.

Ce seront, sans doute, les derniers efforts que la cupidité ou l'envie tenteront contre une pépinière dont le succès brillant ne peut plus être même un objet de doute. Elle vient de recevoir un très-grand accroissement par les plantations considérables qu'on vient d'y faire.

Le ministre de l'intérieur, par une lettre du 7 ventose an 10, a invité tous les préfets à établir des pépinières dans les chefs-lieux départementaux et d'arrondissement, à l'instar du préfet de la Haute-Marne, qui avait offert cet utile exemple.

Plusieurs départements, entre au-

tres celui de la Gironde , sont oc-
cupés de faire des établissements
semblables; leur exemple entraînera
nécessairement celui des proprié-
taires; plusieurs l'ont déjà prévenu ,
et le ministre de l'intérieur jouit
déjà de l'heureuse impulsion qu'il
a donnée. Puisse-t-il ne pas borner
là ses bienfaits ! Après avoir mul-
tiplié et perfectionné de plusieurs
manières notre école d'arbres fruitiers , puisse-t-il former une pépinière d'arboristes instruits , qui se ré-
pandant sur le sol de la république,
iront y propager les principes d'une
bonne culture.

L'immortel Malesherbes n'eut pas
le temps d'exécuter ce projet lorsqu'il fut ministre. Terray, qui en
avait senti l'utilité , l'avait essayé

avec le plus grand succès, dans le
bel établissement de MM. Moreau à
la Rochette, près de Melun; établissement dans lequel la constance
du génie et du talent, a lutté avec
l'avantage le plus étonnant, contre
l'aridité, je puis dire, contre la sté-
rilité du terrein.

Ce qu'on fit alors comme un
essai, il est facile de le faire en
grand, et sur un plan plus utile,
sans qu'il en coûte même au gouvernement.

Nous lui devons de bons arbres : puisse-t-il, en multipliant
ceux qui peuvent les élever, donner un nouveau motif à notre reconnaissance !

F I N.

Ouvrages du même Auteur.

Des Arbres fruitiers pyramidaux, vulgaire-
ment appelés *Quenouilles*, avec fig. 1 vol
in-12, avec fig. 1 fr. 50 c. et 2 par la poste.

Traité complet sur les Pépinières, 1 gros
vol. in-12. avec fig. 3 fr. et 4 fr. par la
poste.

Manuel pratique des Plantations, 1 vol. in-12,
avec fig. 1 fr. 80 c. 2 fr. 30 c. par la poste.

Les Suites funestes du Jeu, 2 vol. in-12. 3 fr.
et 4 fr. 20 c. par la poste.

Sous presse,

.Supplément au *Traité des arbres fruitiers
pyramidaux.*

www.ingramcontent.com/pod-product-compliance
Lightning Source LLC
Chambersburg PA
CBHW070908210326
41521CB00010B/2107